给孩子的

高效

整理术

頭がよくなる整理術

[日]大法真实 著 宋天涛 译

机械工业出版社
CHINA MACHINE PRESS

Original Japanese title: ATAMA GA YOKUNARU SEIRIJUTSU

by Mami Onori

Copyright © 2015 Mami Onori

Original Japanese edition published by Shufu-to-Seikatsu-Sha Co., Ltd.

Simplified Chinese translation rights arranged with Shufu-to-Seikatsu-Sha Co., Ltd.

through The English Agency (Japan) Ltd. and Shanghai To-Asia Culture Co., Ltd.

北京市版权局著作权合同登记　图字：01－2019－6292号。

图书在版编目（CIP）数据

给孩子的高效整理术／（日）大法真实著；宋天涛
译. —北京：机械工业出版社，2020.6

ISBN 978－7－111－65217－5

Ⅰ.①给…　Ⅱ.①大…②宋　Ⅲ.①家庭生活-儿童
读物　Ⅳ.①TS976.3－49

中国版本图书馆CIP数据核字（2020）第052940号

机械工业出版社（北京市百万庄大街22号　邮政编码100037）
策划编辑：刘文蕾　刘春晨　　责任编辑：刘文蕾　刘春晨
责任校对：黄兴伟　　　　　　责任印制：李　昂
北京汇林印务有限公司印刷

2021年1月第1版·第1次印刷
145mm×210mm·3.75印张·65千字
标准书号：ISBN 978－7－111－65217－5
定价：49.80元

电话服务　　　　　　　　　　网络服务
客服电话：010－88361066　机　工　官　网：www.cmpbook.com
　　　　　010－88379833　机　工　官　博：weibo.com/cmp1952
　　　　　010－68326294　金　书　网：www.golden-book.com
封底无防伪标均为盗版　机工教育服务网：www.cmpedu.com

序　言

有这样一种说法：擅长整理的孩子通常学习也很好。作为一名整理收纳顾问，我遇见过许多父母和孩子，也经常以妈妈的身份参加 PTA（家长教师协会）和地区交流，在这个过程中，我越来越确信这个说法是真的。十个孩子十个样，个性千差万别，所以这一点并不适用于所有孩子。但"擅长整理，学习也容易快速提升"的倾向是事实，我认为整理技能和学习能力之间有很强的相关性。

这是为什么呢？

整理大致可以分为三类：物品的整理，时间的整理，头脑（内心）的整理。它们有着共同的流程：

①辨别哪些是必需品；

②对选择出来的物品进行排序；

③对它们进行分类和配置，使之易于使用。

常言说，人生就是一连串的选择。父母不可能永远陪在孩子身边，为他做选择。孩子能否自己整理，选出重要的事物，关系到每天生活质量和学习质量的提高。

整理物品的技巧也可以应用于时间管理中。在对时间进行管理的过程中，孩子会有意识地提升效率，自然也就对头脑进行了整理。最终出现了"擅长整理的孩子学习好"的结果。

我小时候非常不擅长整理。因为那时候没有人告诉我整理的必要性和方法。如果父母只是一个劲儿地对孩子叫喊"去收拾"，而不教具体的方法，孩子还是无从下手。

即便你现在不擅长整理，也别担心，打开喜欢的那一页，和孩子一起尝试里面的整理技巧吧。

整理有着神奇的魔力，它会让事物朝着好的方向发展。整理的动机可大可小，想要提高本学期的成绩也完全可以。创造一个机会，让孩子手脑并用，学会对物品进行取舍选择吧！

整理会伴随人的一生，没有人能够避开。在小学阶段就学会简单的整理窍门，不仅有助于孩子整理身边的物品，也能培养他整理头脑（思维）的能力。等孩子自立时，整理术还会帮助孩子开启顺遂的人生。父母不要多加干预，轻松地告诉孩子整理的智慧吧。

整理收纳顾问

大法真实

目 录

序言

第1章 命令孩子"去收拾"，孩子只会光听不做
——打开整理之门的第一步

> **实践篇**
> **试着做一做 1**
> 制作"考虑中的盒子"

第2章 有效应对"东西增多""舍不得扔"
——跳出负面的螺旋线

> **实践篇**
> **试着做一做 2**
> 灵魂提问

实践篇
试着做一做3
孩子也能立即掌握的书桌整理法

试着做一做4
书桌和房间的整理方法

实践篇
试着做一做5
让孩子自己打理行囊

第 5 章　整理是亲子沟通的桥梁

——灵活利用周末和长假

实践篇

试着做一做 6
全世界独一无二的日历制作方法

第 6 章　学会利用时间和金钱

——整理术是内心坚韧的踏脚石

第 **1** 章

命令孩子"去收拾"，
　孩子只会光听不做
　　——打开整理之门的第一步

孩子的房间整洁吗

你的家里有专供孩子学习的房间吗？有的父母会让孩子在餐桌等离自己近的地方学习，也有的父母会等孩子上五六年级时给他独立的房间。先来一起确认整理的好处吧，以免自己为孩子精心准备的房间，到最后变成乱糟糟的脏房间。

房间本身不会随意地变乱

房间本身不会随意地变乱，也不会在不知不觉中自己变得杂乱。乱的原因一定隐藏在住户的行为中。比如，"用过的东西没有放回原位""没有丢掉不用的东西""书、资料等没有分开放置"，这些都会导致房间凌乱。

要想让房间变得整洁，在理解前因后果的基础上，按照整理的步骤进行整理即可。简单地说，只需以下三步：

① 处理掉不用的东西；

② 减少物品数量后决定放置位置；

③ 形成容易收拾的状态。

用这三步整理的优势

告诉孩子整理步骤的同时，也要和孩子一起思考、讨论房间变得整洁有哪些好处，这很重要。那么，整洁的房间究竟有哪些优势呢？

① 时间优势

② 经济优势

③ 精神优势

①主要指通过整理节省了因为找东西而浪费的时间。②避免"需要的物品找不到了，必须再买一个"等二次购买、无用购买的状况。其实①②都可以通过决定物品的指定放置位置来解决。

在这三个整理优势中，我觉得对孩子影响最大的是精神优势。

整洁的房间对孩子的内心产生的影响

如果孩子的书桌上课本、资料堆积如山，地板上零食袋子散落一地，会怎么样呢？为了开始学习，孩子首先要找到需要的课本和学习用品。如果把精力都用在找东西上，孩子的学习积极性便会大大降低。

相反，如果房间收拾得当，什么东西放在哪里都一目了然，便能立即投入到想做的事情中。毫无压力地专注于自己想做的事情,会让孩子的内心更加平静。

整洁的房间会带来无限好处

● 能够平和地投入到事物中

除了利于学习,整洁的房间也是心灵成长的绿洲,可以让人安静地读书,静心思考。

● 学会如何生活

为了保持房间的舒适,需要学习并掌握一些必备技能,这也是在为将来离开家独立生活做准备。

● 培养自立能力

拥有自己的城池,和家人保持适当的距离,可以培养自立心,产生自信。

● 可以在自己的房间招待朋友

孩子有机会和朋友加深友情,父母也能直接了解孩子的交友关系。

为了把孩子的房间变成舒适的场所，请父母一定要告诉孩子所有人都能做到的整理窍门以及整理带来的好处。舒适的生活会让身心更加丰富充实，当孩子将这一点理解透彻时，他对生活的热爱也会变得更深。

孩子不擅长整理，如何改进

三岁看到老是真的吗？

不擅长整理是可以克服的吗？

似乎越是善于收拾、能够麻利地整理好家务的优秀妈妈就越烦恼："为什么我家的孩子连自己的房间都收拾不好呢!?"收拾不好是因为他天生的性格吗？还是每天太忙了没时间呢？

"都说三岁看到老，看来这孩子是改不了了"，这种想法是错误的，请大家明白，收拾不好既不是性格使然，也不是因为忙。

我曾在东京某所大学"衣食住"的讲座中负责"住"的课程。大学生中自然有擅长整理的人，也有不擅长的人。有一个班级，不擅长整理的人占八成。

在几次课上，我结合实践对"整理的最强法则"，即最简单的整理方法进行了讲解："全部拿出来"→"分为需要和不需要"→"只放回需要的东西"。后来几乎所有不擅长整理的人都说房间环境得到了改善。只要知道了东西又多又乱的原因，人人都能掌握避免方法。

通过"知识"提升整理技能

在课下的调查中，我收到了很多学生写的"因为整理而变得积极向前"的反馈，例如，"从小时候起就一直不会整理，单身生活的房间常常惨不忍睹。没想到我只是知道了乱的原因和整理方法，房间就立马变了，自己也吓一跳。""总有一天我也会结婚，家人会增加，在那之前就学会了整理的基础知识，真是太好了，心情很轻松。"

像这样，通过掌握极其简单的方法，整理技能就能瞬间得到提升。整理技能的根本在于教育。即便是低龄的孩子，只要让他知道乱的原因，那么无论什么时候他都有机会克服掉不擅长整理的毛病。

有很多父母自己也不擅长整理，坦诚地面对这个事实，反而会拉近和孩子的距离。不要有任何顾虑，创造和孩子一起整理房间的机会吧。

● 父母不擅长整理的情况下

不要命令孩子"去收拾"，要试着对孩子说："其实妈妈也不擅长整理，我们一起从小的地方开始做，一块变成整理小达人吧!"时间短也没关系，最好能定期坚持"亲子整理时间"。

● 父母擅长整理的情况下

请平和地对孩子说："很抱歉妈妈以前没有好好告诉你整理方法，也没有注意到你不明白如何去做。其实只要按照顺序做三件事，任何地方都会变得整洁，和妈妈一起做吧。"不要贪多，从一格抽屉开始做起，这是成功的秘诀。

无论是否擅长整理，重要的是和孩子面对面地交流。

不要让孩子觉得"我不行""我做不到"

擅长整理的父母，在整理上往往也要求完美。其实孩子做到"粗略收纳"即可。"全部拿出来"→"分为需要和不需要"→"只放回需要的物品"，按照这个顺序整理，首先就能得到满分。做完之后一定要夸赞孩子。严禁说出"看来你真的不会啊""那样做完全不行"等否定的话语。

不只是在整理中，我认为孩子在整个成长过程中，最重要的两点就是拥有自我肯定感和能够切身感受到亲情。父母抓牢这两点，就能培养出在任何场合都能自信地采取行动的孩子。首先请父母向孩子发出"一起做"的邀请吧。

只需记住整理的最强法则即可：

① 全部拿出来

② 分为需要（正在使用）和不需要（没有在使用），判断标准为 1 年

③ 只放回需要的物品

※无论是整理一格抽屉还是整个壁橱，原理是相通的。

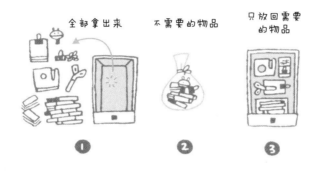

全部拿出来　　　不需要的物品　　　只放回需要
的物品

❶　　　　　　❷　　　　　　❸

如何处理舍不得扔的物品

现在还舍不得扔！此时的处理方法

"虽然现在不用，但也舍不得扔，这些物品该怎么处理呢"？一些情感丰富细腻的孩子很讨厌丢弃东西，觉得"它们特地来到我的身边，我却要把它们扔掉……"当"丢弃"这个行为成了孩子的压力时，就来制作"考虑中的盒子"吧。下面具体介绍了制作方法和使用方法，请一定尝试一下。

制作"考虑中的盒子"

①把舍不得扔的物品全部放入盒子中

装点心的空盒子，或者小一点的纸箱都可以拿来用。准备一个盒子，外面写上"考虑中"，把暂时不用，又无法丢弃的物品全部放进去。

在标签或者卡片上大大地写上半年后的日期，如"请××在×月×日打开这个盒子"。××处写孩子的姓名。放在孩子的房间里，让他每天都看得见，这样孩子就不会忘记盒子的存在了。

②半年后不要忘记打开盒子

半年后问孩子："还记得里面放了什么吗?"然后和孩子一起打开。"我放过这样的东西吗?"差不多有八成物品孩子已经忘记了它们的存在。这时可以向孩子说明："即便忘记了也没有给你的生活带来不便，说明它是和你的生活毫不相关的物品。"并询问他有没有可

以扔的物品，让他本人判断需要还是不需要。

"考虑中的盒子"还有一个好处，就是可以发现想要永远珍藏的真正的宝贝。如果过了半年，孩子对一件物品依然没有淡忘，对它的记忆依旧在心里闪闪发光，那就是孩子真正的宝贝。这时可以将它从"考虑中的盒子"里拿出来，另外制作"宝箱"，移放到那里。

也有妈妈向我烦恼地倾诉："我家的孩子把东西全部放进了宝箱里！"如果出现这种情况，就和孩子约定"宝箱里的宝贝，满了就要扔掉一些"，改掉他什么东西都收藏起来的毛病，创造机会由孩子自己判断需要还是不需要。

"考虑中的盒子"对大人也十分有效。无法立即判断出一件物品对自己来说是否必要时，就把它放进盒子里搁置一段时间，使物品和自己的关系发酵成熟。如果曾经认为很重要，但时间一长就失去了兴趣，那么这些东西基本上都是不必要的。真正想要珍藏的物品不会败给时间的流逝。和孩子一起制作各自的"考虑中的盒子"，相约一起打开吧，可以让整理变得很欢乐！

60%的妈妈感觉
"自己不擅长整理"

调查对象：
50位小学生的
妈妈

我以小学生的妈妈为对象，进行了关于整理的调查。觉得"自己不擅长整理"的人比预想中要多，可以看出妈妈们对整理也不是特别积极。

■ 你（妈妈）擅长/不擅长整理吗？

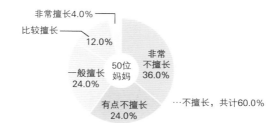

非常擅长4.0%
比较擅长 12.0%
一般擅长 24.0%
50位妈妈
非常不擅长 36.0%
有点不擅长 24.0%
…不擅长，共计60.0%

■ 对30名回答"不擅长整理"的妈妈进行调查："你的孩子擅长整理吗?"

比较擅长5.0%
※非常擅长0人
一般擅长 22.5%
30位妈妈
非常不擅长 37.5%
有点不擅长 35.0%
…不擅长，共计72.5%

　　回答"非常不擅长""有点不擅长"的人数合起来超过70%。小学生（共70人）中"不擅长整理"的比例约64%（见第42页图表），由此可以看出，如果妈妈的整理技能低，孩子通常也大多不擅长整理。

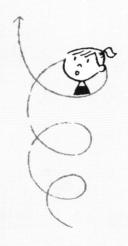

第 2 章

有效应对
"东西增多" "舍不得扔"

——跳出负面的螺旋线

思考家里积存东西的机制

为什么家里的东西会变多

　　我经常听妈妈们说："我家的东西不知不觉就变多了……"我们都知道难以收拾是因为东西多，但大多数人都不会认真地思考东西增加的原因。下面就和孩子一起来解答几道简单的算数题，用数字来思考东西增加的原因吧。

- 问题 1：一户人家有四口人：爸爸、妈妈和两个孩子。如果每人每天带一个物品回家，那么 1 年后会增加多少呢？（食品和消耗品除外）

　　也许有人觉得不会每天都有那么多东西被拿回家的，那么请回想一下每天的日常生活吧。孩子带回来的橡皮、书、点心、饮料，再加上受外观吸引而买的杂货，看似便宜的小物件……很多东西不知不觉就出现在了家中。

$$1（个）\times 4（人）\times 365（天）= 1460（个）$$

　　仅仅一年，家里就会增加将近 1500 个物品。即便不是每个人每天都带回东西，不要求计算精准，每个家庭 1 年也会轻松增加大约 1000 个物品。

- 问题 2：如果家中的物品每年增加 1460 个，那么 10 年后会增加多少个呢？

$$1460（个）\times 10（年）= 14600（个）$$

　　我们可以很容易地计算出来，10 年后家里会增加将近 15000 个物品。据统计，4 口之家的生活必需品数量是 5000 ~ 6000 个，如果增加了 15000 个物品，那么多余物品则是必需品的 2 倍。

无意中的行为导致房间变乱

我们已经知道了东西增加的机制，那么房间为什么会乱呢？房间自己是不会随意变乱的。"无意中"从外面拿回了不必要的物品，用过的物品"无意中"没放回原位，不必要的物品没有立马扔掉，"无意中"积攒了起来……没错，最大的敌人就是"无意中"。"无意中"就购买了物品，然后"无意中"觉得自己需要，所以没有扔，搁置在一旁。

如果能够和"无意中"诀别，无论大人还是孩子都能摆脱"不擅长整理"的身份。擅长整理就是能够"当场判断"出自己是否需要。即便是不擅长的孩子，只要勤加练习最后也一定能够做到。买东西和扔东西时，问孩子几个简单的问题，让他的意识觉醒，从"无意中"跳离出来，会很有效果。不只是孩子，对大人效果也很显著。后面会介绍对孩子和大人都有帮助的"避免购买不必要物品的提问"和"无法丢弃时的扪心提问"。

深入思考，也许就会注意到真正需要的物品和真正想要珍藏的物品其实没有那么多。

随着判断能力得到提升，"无意中"购买的坏习惯一点点地得到纠正，舍弃的能力自然也会提升。练习得越多，判断是否需要的速度也就越快。如果用"需要或不需要"的标准难以做判断，就试着用"在用或没在用"来判断吧。这样一来，孩子也能轻松地做出判断。

灵魂提问

避免购买不必要物品的提问

①因为很可爱、萌萌的，所以想要

⬇

"它可爱到让你想要一直珍藏到 20 岁吗？"

②就是喜欢，所以想买

⬇

"真的打心底里喜欢吗？"

③之前用的那个找不到了，所以想买

⬇

"那么这次你决定好把它归置在哪里了吗？"

无法丢弃时的扪心提问

①也许有一天会用到

⬇

"只是模糊的预感吗？既然确定不了使用时间，那不就是不需要吗？"

②很怀念，不想扔

⬇

"那么整个房间里面不都是令你怀念的东西了？充满回忆的东西必须要经过严格挑选！"

③感觉很重要，不想扔

⬇

"是不是真的重要呢？你有认真思考过吗？"

"善于舍弃" 才会 "善于整理"

果断舍弃，和不用的物品说再见

和不必要的物品说再见，有很多方法。最简单的就是
"舍弃"，比预想中难的是 "送给别人"，耗费精力和时间的
是 "转卖或出让"。

"舍弃" 往往给人浪费的印象，但只要我们做好决定，
便能立即行动，从这一点来看，舍弃是可以大力推动整理的
积极行为。学会舍弃之后，身边的物品数量就会随之减少，
自然就容易整理了。和孩子一起挑战一下，努力成为善于舍
弃的家庭吧。

成为舍弃达人之路 1

首先练习舍弃物品。并不是随便乱扔即可。逐渐处理明确的无用品，也就是容易舍弃的物品，以此实际体验"扔掉后变得清爽"的感觉。从下述物品开始体验吧。

- 看完的杂志和报纸
- 一年没穿过的衣服
- 去年的资料（重新评估过一次后）
- 过时的包袋、小物件
- 不再喜欢的玩具、玩偶
- 过多的文具
- 陈旧的伞
- 意义不明的装饰品、礼品等

体会"清爽"的心情，如果能够从此对舍弃变得积极，就是大获成功。

成为舍弃达人之路 2

不再抵触舍弃后，就来练习辨别物品的必要性吧。以整理一格抽屉为例，与每件物品正面相对。最初的时候判断很花时间，会疲倦，所以用 5 分钟即可。以"这一年至少用过一次""一次也没有用过"为判断标准，尽量在短时间内判断出要与不要。不过，有着重要回忆的物品不在此范围内。如果孩子情感丰富，他就会受回忆牵绊，哪一个也舍不得扔，导致无法进行下去。此时可以把这些物品收纳到"考虑中的盒子"中放置一段时间。

反复进行这样的练习，总有一天能瞬间判断出一件物品对自己来说是否必要。

和孩子一起从判断是否"舍弃"这个简单的行为开始练习，也许孩子会抢先变身成为舍弃达人哦。

和孩子一起处理过多的书和衣物

和孩子一起快乐地收拾

"不想让家里再乱糟糟的！真心地想收拾干净！！"抱有这种想法的你却总也找不到契机。那么就从书和衣物等多数人认为"过多并且困扰"的物品开始整理吧。

你家的书架上是不是塞满了书？而且多出来的书是不是摆得到处都是呢？

柜子被衣服塞得满满的吗？

首先处理书和衣服，刮起整理的旋风吧！

除了重要的书籍，其余的书果断舍弃

书增加得很快。如果每个人都买书带回家，一年很容易增加几十本。杂志类、信息资讯类的书，看完就扔吧，过时的信息没必要放在家里。孩子的学习杂志、漫画杂志，一定要和孩子本人商量，决定好存放几个月的过期刊物。

相反，小时候看的绘本、难以再买到的书籍，"某某的好书""最佳 10 本"等，就留作回忆珍藏起来吧。届时决定好册数，就不会胡乱地增加数目了。其他类别的书，原则上以"一年以内是否会看"为判断标准进行取舍。

穿小的衣服能不能给别人呢

孩子在不断成长，不能穿的衣服也越来越多。如果家里没有弟弟或妹妹，就尽早扔掉吧。扔掉很简单，但如果是很漂亮的衣服，要和孩子商量一下能不能给别人。

请父母通过整理以身作则，向孩子展示珍惜物品的姿态。"珍惜并使用物品"是不增加物品的最佳秘诀，也会使我们更加自爱。

一个人收拾，即便是大人也不易坚持。父母首先要和孩子轻松地对话，创造亲子交流时间。比如边收拾边和孩子说："给你读这本书的时候，你可高兴了!""还记得你穿这件衣服的时候多么可爱吗?"孩子会直观地感受到父母所传递的亲情。这些对话会把孩子的内心和生活引导至平和的状态，使亲情变得更加浓厚。

正因为简单，才要每天坚持

推荐采取 "每天扔 10 件物品的行动"

"总是乱糟糟的！" "东西太多了吗？" 当你这么想的时候，就试着每天扔掉 10 件不必要的物品吧。找到身边超过一年没有用过的东西，以及今后也不打算使用的东西，果断地处理掉。旧的钥匙链、以前收集的海报、明星周边产品等都可以处理掉。一旦开始就要立即找出不必要的物品。我经常向那些说自己不擅长整理的人

这样建议。建议父母一定要和孩子共同尝试一下。

也许你会认为"就算每天扔 10 件，房间也不会产生什么变化吧"，那么就来做一个简单的计算吧。

- 1 周：10（件）×7（天）=70（件）
- 10 天：10（件）×10（天）=100（件）
- 1 个月：10（件）×30（天）=300（件）

坚持 1 个月，就会有 300 件物品从房间里消失。房间难以收拾的最主要原因就是东西过多。刚开始的 10 天也许感受不到变化，但某一天你就会突然注意到"房间变得清爽了"，甚至会让你认识到原来身边竟然放着这么多没有用的东西。

无论什么计划都先试着坚持 10 天

孩子有没有每天认真坚持做的事情呢？在规定的时间内做作业，照顾宠物，浇花……每天坚持是很难的。"每天扔10 件物品的行动"也一样，刚开始的时候因为新奇能快乐地参与，但到后面就会渐渐腻烦。这时可以制作日历卡、积分卡，每天完成后，用便利贴或印章在上面标上"OK"的标记。无论是什么样的约定，如果孩子能够认真坚持 10 天，就请大大地夸奖他，因为即便是大人也难以做到每天坚持。

请记住，越是简单的事情越难以坚持。如此一来，当孩子偷懒的时候，我们就不会吹毛求疵。自己想偷懒时，也会客观地开导自己："越简单越难坚持，加油吧!"

"每天坚持"是生活的书签

每天的生活过得目不暇接，将"每天必做的事情"穿插其中，就好像给 1 天 24 小时的生活夹入了一张张书签。不要单纯地被时间驱使，而是要通过有效地操纵时间来享受生活。首先通过"开始"打开整理的大门，然后再做到第一步的"坚持"。

餐桌的魔法

你家的餐桌整洁吗

早晨和晚上家人们会聚在餐桌前吃饭。很多家庭只有周末的时候家人才会聚齐，作为"食"之舞台，餐桌对于家人来说是非常重要的。

你家的餐桌上现在摆放着什么物品呢？报纸、学校发的资料、盛着半杯水的水杯、打开的袋装点心，等等。有不少家庭会把各种物品堆积在餐桌上，家人每天在餐桌前拘束地就餐。

如果觉得家里面到处都乱糟糟的，没法收拾，就先从整理餐桌开始吧。餐桌容易变乱是因为那里是家人的共享空间。大家都把自己的物品放在餐桌上，餐桌立马就被埋住了。可以把餐桌上堆积的物品分为 "必要" "不必要" "可移动" 三类。

"必要" 是就餐时使用的物品，如纸巾、餐垫等。旧的资料、吃剩的点心等 "不必要" 的物品要直接扔进垃圾箱。私人物品、没必要放在餐桌上的物品等就 "移动" 到各自的房间。

餐桌收拾干净后，你会神奇地感觉到房间整体都变得整洁了。放学回来的孩子也会立马注意到 "怎么回事？家里变得好干净！" 因为餐桌是所有人都会注意到的地方，所以整理的成效也容易传递给家人。要求家人一起合作，并告诉家人："除了吃饭时必要的物品外，不要在餐桌上放其他东西。"

成绩好的孩子会在餐桌上做作业

据说小学一至四年级的时候，那些在父母目光所及的地方学习的孩子，成绩更加突出。如果孩子看见变得整洁的餐

桌，提出想在那里做作业，父母要答应他，这是培养他充满
干劲的机会。

整洁舒适的餐桌会延长家人停留在此的时间，使得交流
更加密切。如果孩子、丈夫总喜欢往这里放置私人物品，就
在椅子后面制作个人专用的收纳袋吧。可以在椅子背面用 S
字钩挂上袋子，或者在座位下面吊一个篮筐，将个人物品暂
时放在里面。

虽然只是一张桌子，但就是这样一张桌子增强了家庭凝
聚力。把大家一块享受美食的地方收拾得干干净净，会对家
人不断产生积极的影响。把餐桌整理干净就像对孩子施展整
理的魔法一样，他也会对整理产生兴趣。

在家里掀起 "清爽" 的热潮

让 "清爽" 在家里流行起来

向初次见面的人递名片时，经常会被问："整理收纳顾问具体是做什么工作呢?" 整理收纳顾问，除了进行与整理和收纳的技巧相关的演讲、执笔活动之外，还会面向普通家庭提出整理的建议，帮助对方构建 "自己也会整理" 的机制。

为了制作影像资料，前几天我们拜访了一户家庭，拍摄了整理前和整理后的对比素材。这户人家有 4 口人（爸爸、妈妈、上高一的儿子、上五年级的女儿），住在郊区气派的别墅里。他们的房子布置得很温馨也很干净，但外人看不见的收纳空间却很杂乱。为了拍摄整理收纳顾问在团队里帮忙的样子，我作为监督者也参与其中。

清爽！

女主人说："这几年里，这些地方都没有好好收拾过，像个疙瘩一样一直堵在内心深处。"我们重点整理了女主人所说的储藏室、厨房、洗漱台、客厅的装饰架。因为摄像人员的加入，整理起来需要比平时花费更多的时间。这 4 个地方一共花了整整 3 天，但每个收纳空间的外观和使用便利性都大为改变。

女主人很高兴，据她说儿女们回到家都很惊讶，"好清爽、好方便啊""心情很舒适"，喜不自禁地去收纳空间看了好几次。

家里变得清爽，孩子也会产生变化

几天后，女主人打来电话开心地说道："休息日的时候，两个孩子竟然开始自己收拾房间了！之前说再多次他们也全然不做的。"把平时常用的地方收拾得清爽整洁，会使孩子实际感受到"清爽的状态"是多么舒适、多么高效，由此点燃了他们自发收拾的热情。

这个事例并不稀奇。令人心情舒适的"清爽状态"，和令人不愉快的"杂乱状态"，都会立即影响家人并扩散。既然如此，为何不让"清爽"在家里流行起来呢？在向孩子唠叨"去收拾"之前，先整理一下常用的餐厅和洗漱台吧。孩子应该会立马注意到"变整洁了！"

如果希望孩子能够掌握整理的基本能力，父母就从整理自身周围开始吧。不过建议大家不要贪大，按照前面提到的整理的最强法则，从小空间开始尝试吧。房间变得整洁后，生活就会变得安稳平和，孩子的学习时间、父母的读书时间会得到增加，整个人的状态也会变得更加积极。

一定要在家里掀起"清爽"的热潮，首先从大人开始行动起来吧。

舍弃的勇气招来的幸运螺旋线

找出堆积的无用品，一口气处理掉

新的一年，孩子的房间里又会增加新的课本。在新学期到来之前，和孩子一起把不用的物品整理干净，期待春天带来的运气和活力吧！

经常会有人问我："课本要保管到何时呢?"通常来说，把上一年度的课本保管在专用空间即可，其余的都可以处理掉，孩子喜欢的科目相关的书籍可以先珍藏起来。

"音乐书上有喜欢的歌，不想扔""历史年表和地图有时要看，所以想留下"……请一定要确认使用者本人的意向。即便是亲子、夫妻等亲近关系，也不能省略这个过程，因为这很有可能导致家人之间出现纠纷。

把房间整理干净的是"现在就做出决定的勇气"

对课本、书籍类完成取舍选择后，也一并整理文具、小物件中的无用品吧。按字面意思所示，无用品即"没有用的物品""没有在使用的物品"。1 年没有使用过的物品就要扔掉，这是整理的大原则！和孩子互相商量，挑选出没有在使用的物品吧。

辨别的关键在于摒弃"拖到后面再做决定""舍不得扔，还是拿着吧"等温和的想法，告诉孩子，要拿出勇气，现在就做出决定。

如果孩子好不容易选出了无用品，父母绝不可以说出"这个铅笔盒这么漂亮，扔掉太浪费了！""奶奶给你的包，你就这么扔掉了？"等话语，这会浇灭孩子舍弃物品的勇气。尽管本人没有在使用，但对他说"太浪费了，不能扔"的话也是不合理的。

"这个还很干净，让妈妈用吧"，向孩子提出珍惜物品的建议时，在孩子对扔东西感到烦恼时，也要告诉他不持有、不买、不收自己不用的物品。

始于舍弃的新的幸运

只是为了维持生活，家中的物品也会不断增加。为了防止家里东西堆积如山，要养成一个习惯，在购买或收到东西时，先问自己能否好好使用它，得出答案后再转换成行动。这个自问自答是保持房间整洁的良策。"在现在这个瞬间"做出 "舍弃" 的决定，幸运会由此开启。虽然现在科学还难以解释，但我自己确实感受到了 "舍弃" 会招来新的幸运的螺旋线。

舍弃是新的开始。马上就是新学期了，孩子却每天闷闷不乐……这时就来创造亲子时间吧，和孩子一起处理无用品。我相信你们一定会迎来好的消息。

果然女孩子更擅长整理

调查对象：
50位小学生的
妈妈

男孩子和女孩子谁的整理技能更高超呢？这次的调查结果显示女孩子获胜。可以看出在整理方面，男孩子的妈妈们更有压力。但好多女孩子的妈妈也会说："衣服太多了，好烦！""明星周边堆了一大堆，收拾起来太郁闷了！！"似乎女孩子也有特别的专属烦恼呢。

	男孩	女孩	
非常擅长	0人	2人	共2人（2.9%）
比较擅长	4人	4人	共8人（11.4%）
一般擅长	7人	8人	共15人（21.4%）
有点不擅长	14人	11人	共25人（35.7%）
非常不擅长	13人	7人	共20人（28.6%）
	38人	32人	共70人

第 **3** 章

通过整理提高学习效率
——整理的简单技巧和最强法则

提高学习效率的书桌整理术

和孩子一起收拾书桌吧

书桌上摆得乱七八糟，不仅注意力无法集中，找起东西来也会浪费学习时间。如果孩子掌握了整理术，便能自然而然地养成取舍思维，明白"现在什么是必要的，什么是不必要的""应该以什么为优先"。这也能应用在学习中。

现在孩子的书桌上都放着什么东西呢？翻开的课本和笔记本、笔、从图书馆借来的书、手机充电线、要洗的手帕……是不是上面乱七八糟地摆放着各种东西？首先试着把它们分类吧。

请告诉孩子，把使用的物品放在桌子右侧，不使用的物品放在桌子左侧。孩子应该能以相当快的速度进行分类。如果只说一句"去收拾"，会非常抽象，孩子会感到束手无策。而且"在使用和没在使用"的分类方法是基于事实的，所以孩子也能轻松辨别。

许多孩子都是整理的天才

完成分类后，要跟孩子说："放在桌子右侧的物品，是和你的生活相关的物品，放在桌子左侧的物品是你现在不太需要的物品。"接着问他："左侧的物品中有没有可以处理掉的物品呢?"孩子应该会爽快地说出哪个不需要，我想那份果断会让父母都感到惊讶。如果孩子不会受到物品的价值和回忆的影响，那么他就是整理天才。不过也有孩子什么都舍不得扔，这种情况下，可以让孩子把东西放进"考虑中的盒子"里。

反复进行，掌握整理术

接下来整理桌子右侧的物品。经常用的物品，可以放在最上层的抽屉，笔、尺等放进笔筒里，课本、笔记本等则放在书立中便于拿取的指定位置。如果抽屉已经满了，什么也放不进去，那么第二天就是抽屉的整理日。把一个抽屉里的东西全部拿出来放在桌子上，同样分为左右，只把右侧的物品放回原处。时间不充裕时，可以用同样的方法整理一下笔筒和文具盒。在反复操作的过程中，孩子自己也会注意到生活必需品实际上没那么多，东西越少，找起来、收拾起来越简单。坚持下去的秘诀就是从小空间开始挑战。

实际上该方法也可以用来整理衣柜、壁橱、储藏室等。如果孩子在小学时期就掌握了这项整理术，那真的是受用一生。在反复进行的过程中，孩子的整理技能会在短时间内得到提升。

孩子也能立即掌握的书桌整理法

把书桌上的物品左右分开放置

左侧

不用的物品

* 虽然没有使用，但又不能立马扔掉的物品

　↓

　放入"考虑中的盒子"

* 没有使用但却是宝贝

　↓

　放入"宝箱"

* 可以扔掉的物品、坏掉的物品

　↓

　直接扔进垃圾箱

右侧

使用的物品

* 经常使用的物品就收纳在拿取方便的地方

注意点！

* 无须一次性全部整理完。可以今天整理桌面，明天整理抽屉，一点点进行。

* 物品分类可以"粗略"进行。不必过于细致，轻松地开始吧。

书桌和房间的整理方法

只是整理一下书桌，学习效率便能大幅度提升。下面就来介绍整理书桌和孩子房间的秘诀。

■ 文具：铅笔、橡皮、尺子、圆规等

把散落在书桌上的文具全部收纳进"学习盒"里。推荐有提手的塑料工具箱，可以随身携带，里面空间也有分隔。

最近越来越多的孩子从自己的房间转移到客厅、餐厅学习。无论在哪里学习，学习完都要把文具放入指定的"学习盒"中，防止文具乱放。在隔板或者底部用胶带写上"橡皮""铅笔"等名称，分隔出"指定位置"，防止物品丢失。

▣ 资料等纸类：作业本、课本、通信录等

对于孩子从学校、补习班带回来的资料和课本等，首先进行大致的归档吧。

- 作业本
- 试卷
- 必要的文件（郊游指南等）
- 发给家人的通讯录

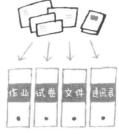

小妙招!

- 放右边

把资料放入文件夹时，可以定好"放右边"的规则。如此一来，最右边的就是"最新的"，越往左资料"越旧"，便于我们处理不必要的资料。

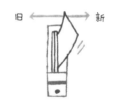

▣ 书架：书、漫画、图鉴等

按照阅读目的划分书架，例如分为"学习角""兴趣角"等。"兴趣"还可以按照类别细分，如漫画、图鉴。看过的书一定要放回原来的类别。和整理资料一样，放回去时就放右边。经常看的书可以放在与视线等齐的高度，便于拿进拿出。

▤ 爱好：游戏软件、收藏品、作品等

　　游戏机一般会随身携带，建议和经常用的游戏软件一起放入"游戏专用袋"里，并定好包袋的放置位置。对于手办等收藏品、手工作品，可以给它们创造装饰空间。

▤ 运动用品：球类、工具、跳绳等

　　对于又大又难以收纳的运动用品，可以定好放置位置，用完之后一定要放回原位。棒球、手套等配套物品可以紧挨着存放。运动服、毛巾等可以收纳在运动包里，放在运动用品附近，便于出门运动时携带。

▤ 习艺工具：补习班工具、乐谱、练字工具等

　　去上补习班要用的工具可以放在同一个包里。遵守"作业和练习做完后立马放回专用包"的规则，就能避免忘拿东西。

"分类" 可以大大减少丢三落四的情况

对减少丢三落四有绝佳效果

在上一节 "书桌整理术" 中我介绍了一些基本方法，如分类、归档、定好指定位置等。分类、归档操作起来本就轻松，而且会显现出孩子各自的个性。让孩子自己贴上标签、制订规则，可以培养他整理的自主性。

春季迎来新学期，新的课本、学习用品纷至沓来。物品一增加，整理难度必然加大。而 "分类" 可以帮助我们减少整理的时间，是十分便捷的收纳技巧之一，几乎没有难点，只需 "把一起使用的物品放置在一起" 即可。

在书桌上定好学校课本、文具的指定位置并进行收纳；给补习班、兴趣班使用的物品准备好各自的包袋，用完后一定要放入里面；补习班的作业做完后马上放入包袋中；练完钢琴后，马上把乐谱放入教程包里……养成这些习惯便能大大减少东西找不到、忘拿的情况。外出时直接拿上包袋出门即可。

也有需要注意的地方，即为了最大限度地活用分类技巧，像文具盒、钱包、纸巾和手绢等必用物品专用的小袋，一定要准备多个，分为各个场合专用。把"补习班专用的文具盒"一直放在袋子里，就省去了从书包里掏出在学校使用的文具盒的时间，也不会出现忘记拿的情况。

出门前找东西、忘拿东西又回去取，这些行为会影响孩子的心情，不仅难以集中精神投入到学习中，还会发生意想不到的危险。为了避免这些情况的发生，父母要灵活利用分类收纳，让孩子能够顺利地行动。

通过"早餐套餐"实际体验分类

"分类真的那么方便有效吗"？如果你对此抱有怀疑，就来尝试一下"早餐套餐"吧。

你的早餐是西式还是日式呢？还是每天变换样式？根据
自己家的情况，利用分类方法制作"面包套餐""和食套
餐"吧。

- 西式套餐：黄油、果酱、芝士、色拉酱、咖啡、牛
  奶等
- 和食套餐：纳豆、烤紫菜、梅干、海味烹煮、咸菜等

按照上述所写，把每天早上必吃的食物各自放到"面包
套餐"和"和食套餐"的托盘里，直接放入冰箱里即可。如
此一来，我们就不用在早晨繁忙的时间里多次开合冰箱，一
次就能把需要的物品全部拿到桌上，超乎想象的便捷。收拾
起来也很快，还能拜托孩子来帮忙："帮妈妈把套餐放
好吧。"

整理"虽然可爱，
但难以收拾"的孩子的"作品"

带着装饰的目的和孩子一起整理吧

孩子都是天生的艺术家。他们在学校创作出大量想象力丰富的艺术作品后，就会拿回家。特别是每学期期末，他们会大包小包地带回一大堆东西。有大尺寸的画和工具，还有手工作品，看着这些东西在玄关里堆积如山，父母会手忙脚乱地大喊："没有地方放啊！"所以在这种情景出现之前，现在就来思考一下处理方法吧。

这些绘画、手工作品见证了孩子的成长。每一个都让父母爱不释手，但全部收藏起来是不现实的。和孩子一边商量一边决定是"用作装饰"还是"处理掉"吧。

需要牢记的是，父母绝不能只凭外观的好坏决定是否处理。因为只有孩子本人才知道在哪些作品上赋予了多少情感，所以请一定要共同商量处理。

把喜欢的画和手工作品装饰起来

首先选择孩子喜欢的作品，还有作为父母想要夸赞的作品，把它们装饰在"家庭画廊"中。虽然称作画廊，但也无须搞得很高大上。客厅的一角或者楼梯的墙壁、孩子房间里较低的家具上方，都可以当作"某某（孩子的姓名）画廊"，按照季节替换作品。

给孩子的画镶上画框，它们会惊人般地引人注目。在商店就能买到不带玻璃面的，既轻便又便宜的画框，可以按照尺寸购买。只需在用来收纳的彩盒或者小椅子上铺上桌布，就能创造出美丽的展示空间。

对于已经决定处理掉的作品，可以让孩子拿着，给他们当场拍张合照，制作"某某作品文件夹"保存在电脑里。这样既保存了作品，也记录了孩子的成长。这在以后会成为很有意思的照片。

孩子会因作品被装饰而感受到亲情

学习能力的提高，并不只是靠灌输知识就能完成的。每天看着被装饰起来的自己的作品，时而成为家人谈论的话题，孩子自然可以感受到"我受到了大家的重视""父母在看着我成长"，内心会因此变得更加坚韧，也能静心地投入到学习中。

看着画廊的作品，对孩子大力夸赞吧。询问他们创作时的想法和心情。季节变化的时候，就提醒孩子"马上要换展览品了呢"。

自己孩子的作品是世上独一无二的，它们不仅增加了家人之间愉快的对话，也增添了家人们的笑颜，堪称是最棒的、最温馨的艺术品。

收纳的最强法则：
亲子共同打造"隔断空间"

转动头脑"分隔"空间，就像玩益智游戏一般

"我家孩子的书桌抽屉，刚收拾好立马又变得乱糟糟的……"很多妈妈都会这么叹气吧。因为开合，抽屉里面的东西会动来动去，如果不在收纳上花心思，就很难收拾整齐。接下来就转动脑筋，一起来学轻松收纳的最强法则吧。

如果说整理的最强法则是"减少物品数量"，那么收纳的最强法则就是"分隔（划分）空间"。空间划分得好，谁都能轻松收纳，并且不易变乱。从抽屉到书架、小衣柜、大

衣柜、壁橱，全部都是"空间"，如果善于分隔空间，任何地方都能找到适合的收纳方法。

从整理抽屉开始做起

首先从小空间开始学习分隔，以书桌的抽屉为例，细致地观察空间的划分过程吧。

① 把抽屉里的物品全部拿出来，一个个放在报纸上；
② 立即处理掉"没有使用的物品（以 1 年为基准）"；
③观察想要放入的物品的数量和形状，思考该如何分类；
④ 根据③的情况，往抽屉里放满盒子和容器。

没错，分隔空间的操作就像益智游戏一样。如何组合盒子、容器才能最好地划分空间呢？亲子一块开动脑筋吧。当然，正确答案不是唯一的。只要肯下功夫，就能找到多个答案，也许孩子能更快地想到好主意呢。

任何空间都能完美划分

除了可以细细分隔抽屉等扁平空间以外，还可以分隔方形空间。

①想要上下分隔空间，就使用コ形架子；

②想要左右分隔空间，就摆上文件夹；

③想要分隔纵深宽的空间，就前后并排摆放盒子。

只要记住这三个方法并组合使用，便能解决任何分隔空间的问题。现在有许多关于收纳的电视节目和收纳指南等书籍，都会展示改造前后的对比，它们都提及了相当复杂的技巧和收纳用品，但实际上收纳是极其简单的。

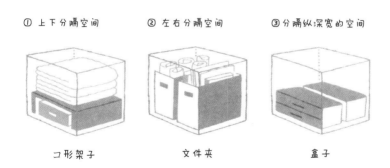

最难整理的孩子的物品
排行榜前 5

调查对象：
50位小学生的
妈妈

　　不仅孩子每天从学校带回来的资料不断地堆积，每到学期末，孩子还会像搬家一样，将手工作品、工具箱、体操服、抹布等物品全部带回来。作为父母千万不能气馁，积极地思考便于孩子拿取物品的方法吧。

■ 对于孩子的物品，收拾起来最令人困扰的是什么？（多选）

1 位	学校和补习班发的资料	30票
2 位	手工和画等孩子的作品	28票
3 位	文具、玩偶（包括游戏机）	24票
4 位	书桌周围的物品	18票
5 位	衣物	16票

　　另外还有课本、参考书、艺术班需要的工具、照片、运动用品、漫画、杂志等。不要着急，一定有解决方法，先按照品类、可以放置的位置思考清理物品的方法吧。可以参考前面讲过的书桌整理术和孩子作品的整理方法。

第 **4** 章

整理可以强化孩子的内心
——促进孩子自立的整理收纳法

通过"免下车式整理装束"促进自立

一二年级的孩子也能自己做

早晨上学前，孩子的装束是如何准备的呢？是妈妈帮忙准备好服装和随身物品吗？一至四年级孩子的妈妈大多数认为"我家的孩子什么都不会做""看他就要迟到了，忍不住想要帮他"。其实只需在收纳方法上花一点心思，孩子就能自己整理装束，请一定要试一下。

大家都见过免下车式汽车餐厅吧。顾客不用下车，从点单到购入，在很短的时间内就能完成，十分便捷。我们可以把这种方式灵活应用到上学前的准备中，我称之为"免下车式整理装束"。

　　选择孩子的生日、新学期开学等容易记住的日子作为开端，提前告诉孩子免下车式整理装束和开始日的存在。跟孩子说："你已经长大了，自己的事情能自己做了。要不要来尝试一下免下车式整理装束呢？"在开始日到来之前，和孩子商量并决定早晨在哪里进行装束的整理，一起思考免下车式路线，即每天早上孩子的移动路线，然后进行如下操作：

- ××早晨免下车式整理装束计划

孩子在自己房间起床

↓

在卫生间洗脸

↓

在有衣柜的房间换衣服

↓

去自己的房间背上书包，拿上随身物品

↓

在餐厅吃早饭

↓

准备出门

缩短移动距离是长久坚持的秘诀，要尽量缩短衣物收纳和换衣场所之间的距离。抛开"必须在前一天晚上把第二天穿的衣服准备好并放在床头"等先入观念，可以把有小柜子的房间当作每天早上整理装束的空间，也可以在有衣柜的父母的卧室换衣服。当然，如果孩子的房间有小柜子，移动路线会更加流畅。

以孩子的视角重新审视收纳场所和收纳方法

定好路线后，就在孩子的衣物收纳场所上花些心思吧。基准只有一个，那便是"孩子是否使用方便"。可以单独给孩子提供一个衣柜，高度要便于孩子自己拿取，随着孩子的成长调整高度。

如果是小柜子等抽拉式收纳，把衣服等塞得满满的，孩子是拿不出来的。这时要尽量减少衣服的件数，数量以能迅速取出一件为宜。可以用隔板等收纳工具隔开空间，便于孩子拿进拿出。

一二年级的孩子，可以按照穿衣顺序和种类给抽屉分类并贴上标签，例如，①T恤，②裤子（裙子），③袜子等。

只需在缩短移动路线和便于拿取这两方面下功夫，便能给孩子创造可以自己整理装束的环境。如果能够顺利完成每

天早上的免下车式整理装束，那么孩子自己也能完成校外移动教室的准备等。随着力所能及的事情越来越多，孩子会越来越自信，这些都会成为生活能力和学习能力的基石。

虽然很多事情有父母帮忙会快很多，但更重要的是把孩子力所能及的事情一点点地交给他本人去做。我认为父母的职责应该是思考如何构建便于孩子自立的简单机制和家庭内部系统，并灵活地创造"让孩子自己思考并做决定"的机会。

致终将成年的孩子

五六年级是迈向成年的换乘站

期盼着孩子健康地成长，但也希望他能一直这么幼小……这就是父母心。虽然有个人差异，但孩子早晚会变成大人，父母要多多教给他们人生的智慧。

学习能力固然重要，但教授他们如何顺遂生活的智慧，会成为他们独立生活、成家立业时的一大助力。例如，有通过整理收纳西装外套迈上通往成年之路的做法。

西装尺码大于 150 后，要重新审视适龄期

孩子到了五六年级，衣服的大小也渐渐接近成人。用具体尺码来衡量，150 是分水岭。超过 150，以往的折叠方法、收纳方法就不再适用了。衣橱也需要更高的高度，不能再在悬挂的衣服下面放置小柜子和抽屉了。

所以，要和孩子一起整理衣服，改变收纳方式，使其便于初高中生的生活。这个过程基本上没有难点，包括 3 个要点。

①处理 1 年没穿过的，尺码和样式不合适的衣服
②和孩子一起收纳，检验是否方便孩子自己拿进拿出
③给抽屉贴上标签进行分类，以免衣服的指定位置变乱

只需做到这几点，孩子自己便能创造出"取出→穿在身上→放回"的体系。

当男孩做不好时

男孩比女孩成长发育晚，也不在意仪表，所以容易忽视对衣物等随身物品的管理。如果明明孩子不感兴趣，父母还是勉强他、促使他自立，可能会出现孩子把洗好的衣服散乱地丢在地板上的状况。这时父母可以对孩子放宽要求，按用途粗略地分类收纳，比如分为"学校用""社团活动用""运动用"等，能做到自己拿进拿出就可以。重要的是尽可能从孩子一二年级开始就轻松地练习整理。

不只是整理收纳，如何在不显唠叨的同时巧妙地把人生智慧、生活智慧教给孩子呢？这就要看父母的能耐了。迈向成年的换乘时机因人而异，有的孩子像快速列车飞奔一样，瞬间就有了男子汉的味道，有的孩子在各个站点都停车，慢慢地成长变化。

重要的是要根据孩子的成长过程，一点点地"委托"他办一些事。有很多事情只有对孩子最为了解的父母才能做得到。作为人生的前辈能教导孩子什么呢？父母也要回顾一下自己的生活方式，找时间整理一下"人生的智慧"吧。

叛逆期到来，需要父母提前想好对策

孩子的叛逆期终于来了

"我家的孩子越长大越任性。"育儿绝对没有那么无忧无虑，有时甚至会发展成过激的争吵。如果孩子过于执拗，父母有时对他的任性也束手无策。处于这种状况时，父母就来整理一下自己的"想法"吧。当孩子处于叛逆期时，父母更需要沉着地整理内心。

"明明在不久之前还是那么率真的孩子……"在演讲时遇见的妈妈们经常会说这样的话。

伴随着成长，孩子必定会出现变化和波澜。不受情绪摆布、不感情用事，作为成年人，父母应该从更高的层面出发去应对，泰然处之。你有想过自己要成为什么样的家人或者应该成为什么样的家人吗？首先自我反思并确认，作为家庭一员，想要守护的重要的东西是什么。

你或者你的伴侣希望孩子最重视什么呢？"不给别人添麻烦""要关心照顾别人""为目标拼命努力"等，每个家庭的价值观都不一样。对此再次确认，如果有机会，就面对面地告诉孩子你们家庭的价值观吧。

时而用一下"大人的不讲理"

孩子想要单独去离家很远的游乐园，想去父母不在家的朋友家里玩，想用零花钱买一大堆漫画书等，孩子提出的麻烦请求（在大人看来）真的是接踵而来。面对这样的请求，我认为作为父母可以对无法让步的事情将"NO"坚持到底。

如前面所说，整理自己的内心、持有坚定的准则，在面对问题时就不会惊慌失措。也可以理解为，大人有时候是需要不讲理的。作为父母必须强硬地告诉孩子，"不行就是不行"。

　　成年后进入社会，很多时候都会遇见蛮不讲理的人和事。客观上看，明明是自己正确，然而就算是自己对也没有用，这样的苦恼想必大家都有过。即使变得不开心、走出房间，自己的要求也得不到同意。孩子会如何用自己的智慧和幽默渡过难关呢？如果父母够开明，小学时代的叛逆期也有可能成为练习如何和别人磨合的好机会。不要把他当成孩子看待，冷静地对他说："你的要求我知道了。那么，请认真地说出你的想法，试着说服我。"

　　日常出现的与孩子相关的问题、烦恼，几乎都是笑一笑就能过去的琐事。放宽眼界去看待，左右人生的大事只有那么一小撮。虽然每天有一大堆想发的牢骚，但叛逆期还是可以和孩子一起快乐地度过的。

整理行囊也是在为离家自立做准备

通过整理行囊掌握整理窍门

孩子的夏令营、露营、家庭旅行等外出活动的行囊准备都是谁在做呢？

我想大多数父母都会嫌孩子收拾得不利索，最后自己去打理。孩子的行李就交给他自己去打理如何呢？不要从一开始就全部撒手不管，不能跟孩子说："全部自己做！"和整理

房间一样，越是不善于整理的孩子越不知道"做法"，他们会乱塞一气。父母应该耐心地指导，进行一次正确的演示，和孩子一起做做看。

最基本的是分类

所有整理最基本的操作就是分类。应该如何分类打理行囊呢？只要掌握了窍门，我们就能应用到许多地方。

接下来讲一下应该告诉孩子哪些步骤。

首先准备用来确认行囊的物品清单。参加夏令营时，学校会发行李清单，参照清单和日程表，和孩子一起确认什么场合会用到哪些物品吧。如果是家庭旅行等没有行李清单的情况，可以做笔记，请一定要手写出一份清单。

让孩子自己打理行囊

分好每天的替换衣物

把每天要穿的 T 恤、裤子、内衣等上下一套放入塑料袋里，按天数分开放好。如果按照品类分开放，每次都要翻找，行李立马就乱了。洗澡需要换的内衣可以一起放进洗浴套装里。备用的 T 恤、裤子放入"备用替换衣物"的袋子里。

在所有袋子的外侧写明内装物

在替换衣物的袋子上写上 "1 日替换""备用替换衣物"等，一定要写明内装物是什么。即便袋子在行李箱里放乱了，孩子也能按照袋子上的标签进行辨别，知道内装物是什么，就能立马找到需要的物品。也准备一个放脏衣物的"洗衣袋"吧。

将洗浴套装、洗漱用具分组

把洗浴套装和洗发液等用品，连同内衣、毛巾等会一块用到的物品放入手提袋里一起收纳，如此一来洗澡时就无须另做准备了。常用药物和保险单的复印件等琐碎而重要的物品，可以收纳在显眼的小袋里。

简单的收纳交给孩子自己做

像这样花点时间思考什么东西会在何时使用、在什么场合使用，便能立马找到需要的物品，一个完美的旅行行囊就打包完成了。孩子明白了准备步骤后，接下来就可以交给孩子来打理，父母进行最终确认即可。即便有忘记拿的，或者放得不规整的，也不要过于干涉。孩子完成"简略收纳"即可。

自己打理行囊也可以看作离家自立的第一步，尽快把这项任务交给孩子来完成吧。小小的自立总有一天会演变成大大的自信。

不要执拗于回忆

比起孩子，父母更容易陷入回忆

鞋子小小的，一只手就能握住；用蜡笔第一次画的妈妈的脸……这些在妈妈眼中全部是闪闪发光的宝贝，直到现在都舍不得扔……那样的你不正在"执拗于回忆"吗？

对于父母来说，孩子成长的过程是无可替代的甜美的重要记忆。但是，如果把与那份甜美回忆相关的物品全部珍藏起来，会变成什么样呢？无论你家再怎么大，总有一天会妨碍到每天的生活。

"一去不复返的东西绝对不能扔。"一旦执拗于回忆，那么以前的东西几乎都扔不得了。请想象一下这类人在几十年后的生活情景吧。

孩子独立时，过去的物品几乎都不会带。对他们来说重要的是未来，而过去是次要的。孩子已经长大离开，而父母却冷清地留在家里，埋没于回忆中，既整理不得也放手不得，就这样逐渐老去……

这不是凭空捏造。事实上，整理收纳顾问们日日奔走的就是那些无法处理过多物品的年长者们的家，劝导他们看开，为他们的收纳整理提供建议。人越上年纪，对一些事物就越难以放手。

如何处理回忆的集结体——照片

照片使回忆化为了实体，同时也是难以处理的物品之一。不知不觉中，孩子的照片越攒越多，不知道该从哪里下手收拾。虽然随着数码相机的普及，保管照片已经极其简单，但照片还是应该仔细地保存。纸质照片最好扫描成电子版进行管理。

　　说些我自己的趣事吧，我以前帮忙收拾娘家的老家时，曾对着自己年幼时众多的学习资料目瞪口呆。

　　下面我就来教大家处理大量照片的秘籍，那就是购买或者租借有自动走纸功能的扫描仪（需要投入一点金钱）。它会以惊人的速度读取照片，并一下子扫描成电子版，在短时间内便能处理好堆积如山的照片。

真正的回忆不会寄居在物品上

　　即便回忆已经渗透在物品里，这件物品也不会像原本那样闪耀发光，也许留在心中才是最好的处理方式。那么试着用数码相机将物品记录在照片上，再和变旧的、充满回忆的物品说再见如何呢？如果可以，和孩子一起做吧。告诉孩子这个物品曾发生过什么故事，那一刻一定特别温馨。即便扔掉了实物，但充实的育儿时光会在心中发酵成熟，变得更加鲜活。看着父母如此认真地对待旧物，孩子的心里也会产生新的暖心回忆。

冰箱和内心都是 8 分满才好

"塞得过满" 不能应对突发情况

你家的冰箱是不是被塞得满满的？冰箱是非常便利的家电产品，是收纳食品的地方。用到一半的食材、多余的东西都可以暂时放到里面，不仅空间变得开阔了，食物也能得以保存。

但是如果把冰箱塞得满满的，当我们突然收到别人送来的特产或者有很多剩菜时，就会难以处理。所以，我们整理收纳顾问常常推荐大家 "8 分满"，如果有 2 分余裕，那么即便收到一整块蛋糕等礼物，或者剩很多菜，我们也不会惊慌失措。

　　家里其他的收纳场所，例如储藏室、衣柜、书架等，也是同样的道理。空间有余裕，不仅便于物品的拿进拿出，也利于我们把握内装物，自由地进行取舍选择。特别是孩子房间的柜子、书架，也要建议他保持 8 分满。这样一来，即便是孩子自己拿进拿出，也不会弄乱。

如何让孩子的内心有余裕

　　冰箱、衣柜等实物的整理自然重要，但内心（想法）也是一样的。内心没有余裕，不仅应对突发事件的能力会下降，也不会产生勇于挑战新事物的活力。每天被不得不做的事情追赶，焦虑地度过，这样的大人和孩子的心里就没有了多余的空间，最后变成"10 分满"。

　　父母因为是大人，所以即使内心处于"饱满的状态"，也能自己找到原因，找到排解的对策。那么孩子又该如何给内心创造余裕呢？实际上，只要给孩子创造能让他放松的"亲子时间"即可，我认为这是解决问题的关键。有许多方法都可以达成该目的，我个人推荐下面的方法，都极其简单。

- 每天微笑，亲肤育儿。
- 经常告诉孩子"你对爸爸妈妈很重要，我们都很喜欢你"。
- 每天在一起吃饭一次（即便饭菜很普通简单也没关系）。

作为一位妈妈，我实际感受到了这种小心意会成为让孩子的内心产生余裕的有力后盾。孩子会坚定地相信"妈妈和爸爸很喜欢我，他们永远是我的同伴"，这会使孩子内心变得柔韧、坚强、自由。

冰箱、内心 8 分满最佳——如果孩子或者自己出现了"现在心里面是不是太满了"的怀疑，那么请你记起这句话吧。

擅长整理的孩子成绩优异

调查对象：
50位小学生的
妈妈

　　虽然调查对象不多，但可以看出"擅长整理"的孩子比"不擅长整理"的孩子，学习成绩更趋向优异。

■ 10 名擅长整理的小学生在学校的成绩

（来自妈妈们的回答）

好7人	一般3人

※ "差一点" 0 人

■ 45 名不擅长整理的小学生在学校的成绩

（来自妈妈们的回答）

好9人	一般23人	差一点13人

　　这次以成绩的好坏为基准，比较他们的整理技能。

■ 20 名 "学习成绩好" 的孩子的整理技能

（来自妈妈们的回答）

比较擅长6人	一般擅长4人	有点不擅长6人	非常不擅长3人

└─ 非常擅长1人

■ 12 名"学习成绩差一点"的孩子的整理技能

(来自妈妈们的回答)

有点不擅长6人	非常不擅长6人

※"非常擅长""比较擅长""一般擅长"都是 0 人

可以看出成绩差一点的孩子有不擅长整理的倾向。

第 5 章

整理是亲子沟通的桥梁
——灵活利用周末和长假

01

利用整理和扫除打造夏日回忆

因暑热注意力无法集中怎么办

到了夏天，孩子会因为暑热难以进入学习状态。但一直待在空调房对身体也不好。如果看到孩子没有在做作业，怀疑他是不是在偷懒，就邀请孩子一起打扫屋子吧，"来帮帮妈妈!"让孩子转换一下心情。

在夏季，推荐在家里收拾讲义资料。把积攒了一学期的讲义资料彻底来个分类整理吧。

首先把资料分为需要和不需

要两类，不需要的资料当场处理。准备好纸箱、塑料盒，把想要保管的东西按照科目、月份等进行分类，把主导权交给孩子，亲子共同商量分类方法。

此时的关键是不要以大人的视角去过于细致地分类，只需放进盒子里即可，这种"粗略收纳"便于孩子到了新学期也可以自己继续坚持。

大力推荐"夏季大扫除"

倾情推荐大家尝试夏季大扫除。请先抛开在年末才进行大扫除的观念，夏天才是最适合大扫除的季节。即便在打扫过程中用到水，水分也能快速蒸发，立即干燥，而且在夏天可以轻松进行那些因为冬季严寒而不愿意做的家务。晴天时，可以用水彻底清扫室外、阳台。在庭院里清洗纱窗、打扫阳台……有很多轻松的家务可以和孩子一起进行。把浴室擦得亮堂堂的，窗户全部敞开排除湿气，整个人都会变得神清气爽。

如果家里有院子，还可以拔拔杂草、摘摘花草的枯叶，大汗淋漓地投入到家务劳动中，也是一大快事（记得戴遮阳帽，多喝水）。全部做完后，在庭院里铺上坐垫，和孩子一起吃碗爽口的凉挂面，或者来杯刨冰，吃一个冰激凌作为奖赏，这也是夏日特有的乐趣。

最重要的是，不要忘记向孩子认真道谢："谢谢你，对妈妈帮助太大了，妈妈很开心。"

整理和扫除会给孩子带来成就感

我周围有很多妈妈觉得"家务活是母亲该干的工作"，所以她们一手包揽全部家务，全部自己一个人干。但是有时，亲子共同进行家务劳动，会成为使孩子成长的契机。比起带孩子去游乐园、去看电影，让他们和父母一起整理家务的夏日回忆反而会深深地镌刻在他们内心。

完成一件工作的成就感，以及在夏日里为了家人而努力的回忆，都会强大孩子的内心。不要再怒吼"去收拾，哪怕只收拾自己的房间也行"了，利用暑假，邀请孩子作为家庭的一员参加家庭大扫除吧。

亲子贴贴贴

贴标签，打造不易凌乱的家

贴标签是指给物品的指定收纳位置贴上标签。贴上标签后指定位置就会被保留，谁都可以清楚地把物品放回原位。最后就创造了"收拾轻松→不易凌乱"的便利的生活环境。

在家中有很多靠家人之间的"默契"来决定的指定位置，也有许多地方没有被贴上标签。如果周末没有任何计划，或者碰上了无聊的下雨天，就和孩子享受贴标签时间吧。在孩子看来，这是父母公认的"能大贴特贴标签的机会"，所以会很乐意帮忙。

本日任务：发现可贴点

首先准备记号笔和各种大小的标签。在商店里就可以买到富有设计感、相当可爱的产品。推荐大家购买不会在容器、家具上留痕的"可以干净地揭离的标签纸"。

告诉孩子"找找家里有没有贴上标签后就会变得很方便的地方，找到之后就贴上去吧"，然后快乐地开启贴标签时光！

首先推荐厨房，到处都是可贴点。调味料瓶、密封罐、保存食品的贮藏室，贴贴贴。冰箱的门架上也可以贴，便于库存管理。除了厨房以外，电视柜、客厅的收纳抽屉、洗漱台的收纳台都是可贴的地方。

从公共空间到孩子的房间

贴完厨房、客厅等家人共用的空间后，可以建议孩子给他自己的房间贴一贴。

原本应该把抽屉等空间整理完后，再贴标签，但有的孩子会采取反向模式，先贴标签，再决定内装物。

贴标签可谓是完美地提高孩子积极性的活动。从贴标签入手，进而对整理感兴趣，这也算是成为善于整理的孩子的第一步。看见贴得到处都是的可爱的手写标签，父母也会忘记孩子不会收拾的烦恼。即便书写和贴法不太漂亮，那也是可爱的孩子的奋斗成果。不求精美，一定要真诚夸赞孩子"变得方便了呢"。无聊的日子里就来打造游戏般的贴标签时光吧！

和孩子共同制作独一无二的日历

和孩子一起快乐地制订 1 年的计划吧

新年到来之际，父母都会快乐地畅想："孩子今年会如何成长呢?"为了让父母的心愿达成，新年里和孩子一起制作可以装饰孩子房间的"独一无二的日历"吧。首先购买可以书写的日历。推荐 A4 或者 B5 尺寸，便于不能写小字的孩子书写。再准备铅笔、自动笔、可擦圆珠笔等，用以应对计划变更。

家人共同制作的日历果然是全世界最棒的

可以贴纸签的漂亮日历会全年温馨地点缀孩子的房间。上面饱含着家人之间的温情，这是手机、电脑所传递不了的。

创造时间和孩子一起制订计划，孩子自然而然地便能掌握日程表的制订方法和时间分配方法。最初的时间计划无须很细致，像这个日历一样粗略些即可。真心推荐大家在新年伊始之际制作"全世界独一无二的日历"，亲子一起畅想未来的1年如何快乐地度过，对孩子来说就像"藏起来的压岁钱"一样令人期待。

全世界独一无二的日历制作方法

①写出定好的计划

　　首先准备 1 张不同于日历的纸，写出孩子已经定好的日程，如：周一游泳，周二去补习班，周四练钢琴等。五六年级的孩子，可以写出各个计划的时间表。写出 1 周的计划后，在日历上写上到学期末为止基本无变更的周计划。一二年级的孩子，可以选择可爱的贴纸，如：去补习班贴星星，练钢琴贴音符。不要忘记写上学校活动等已知的计划安排。

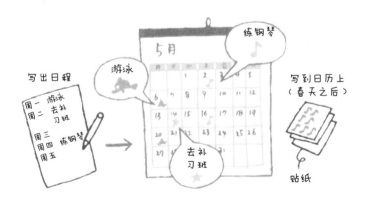

②今年想做什么

接下来就给大家展示"全世界独一无二的日历"的真实本领。首先，标出家人的生日、纪念日、圣诞节，再加上快乐的家庭活动。空白的日历渐渐被填满，每个月都变得鲜活起来。其次，准备较大的纸签，请孩子从1月开始按照每月的顺序写上"本月想做的事"。"想去看奶奶""想去游泳"等，随便贴在日历的空白处，多少个都可以。这样做还有一个好处就是父母能知道现在孩子"想做的事""感兴趣的事"是什么。初高中生，可以贴上每个月的学习目标。"数学加把劲儿""想看历史书"等，大概记录即可。总之就是要自己做决定并写上去。

③对计划加上评论

最后，父母在孩子写的纸签上加入评论。"看奶奶→妈妈也想一块去""数学加油→爸爸妈妈会帮你"等，简单即可，送给孩子暖心的话语。不仅仅是妈妈，也邀请爸爸一并书写吧。

忍不住对孩子发的牢骚
排行榜前3

调查对象：
50位小学生的
妈妈

压倒性地领先于其他的牢骚话是"去收拾"，"不收拾就给你扔掉了哟"紧跟其后。这些话语在某种意义上只是恐吓，孩子习惯之后就没有任何效果了。"不知道该如何收拾妈妈可以教你，我们一起一点点地收拾吧"，妈妈可以根据情况随机应变，最好是站在孩子的角度向他传达。

1 位 "去收拾"

2 位 "不收拾就给你扔掉了哟"

3 位 "你这样会失去和忘记重要的东西"

其中也有非常有趣、独特的回答，"妈妈怎样才能走到你旁边呢""哇，太厉害了，快看快看！玩具们大集合了！！"能这么欢乐地发牢骚的妈妈，一定是富有幽默感的、聪明的妈妈。

调查概要（作者独自调查）

- 调查对象：50位居住在首都圈的小学生的妈妈（孩子共89名，其中小学生70名）
- 调查方法：填写在调查问卷上，或者通过邮件回信收集回答
- 调查时间：2015年1月16日~25日

第 **6** 章

学会利用时间和金钱
——整理术是内心坚韧的踏脚石

孩子的零花钱和整理方法

防止乱花钱的"分数制"

你是如何给孩子零花钱的呢？

小学生的学习用品、零食大多是父母给买，妈妈们也会常常谈论"零花钱真的需要吗""如何给孩子才好呢"等问题。

我也经常听妈妈们说起这样的烦恼，即使说好"不要乱花钱"，可孩子还是会为了附赠的点心买那些立马就玩腻了的玩具，还有纸牌、厚厚的月刊漫画等，凌乱地摆在房间，真的很困扰。

我在孩子上小学的时候就采用了"分数制"。我不会按月给他们零花钱，而是周末去超市购物的时候带他们一起去，每人给 100 分，1 分 = 1 日元。他们可以当场买到 100 日元的喜欢的点心和文具，也可以不用，存起来，随孩子自由处理。剩余的分数就写在餐厅的留言板上，或是其他家人看得见的地方。有意思的是，如果兄弟姐妹一块做，还能从花费方式和存钱方法中看出他们的性格。

"分数制"的优点在于能让孩子自己认真思考 100 日元的用途。现在就买想吃的点心呢，还是忍耐一下，存起来买想要的玩具呢？这对于孩子来说是重大的问题，必须自己决定。

低学年的孩子都想要有赠品的食玩、动漫周边，但如果你指着他玩腻了、扔在一旁的玩具对他说"扔在这里的可是 100 分哦"，他就会注意到"有点太浪费了"。

整理自己的想法，锻炼辨别力

表面上零花钱的用法和整理毫不相关，但实际上它们关系密切。

在花钱购买物品时，最重要的是什么？那就是看清自己究竟想要什么。不受赠品的诱惑，购买真正想要的物品、必要的物品，是不买无用物品、实施整理行动的第一步。上述的"分数制零花钱"，是小学生也能做到的最适合的训练方法之一。

自我思考、辨别真正想要的物品，不仅有助于我们挑选物品，也有助于我们思考将来想要前进的方向，意识到自己真正在乎的东西，由此整理和辨别自己想法的能力也会得到提高。能够不被信息的浪潮吞没，迷茫时可以听到自己真正的心声，并做出决定，会成为孩子的一大"生存能力"。推荐父母向孩子提议"咱们来玩一下分数制吧"。

通过做饭学习管理时间

利用孩子喜欢的菜谱尝试管理时间

大人有时候也很难充实地利用一天的时间。看着孩子明明有作业和要交的报告，还一天到晚地打游戏、看电视，父母也会很有压力，希望孩子做事能有点效率。

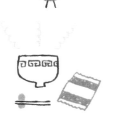

有许多妈妈自然而然地就掌握了高效做家务、高效利用时间的窍门。但是，她们却很难顺利地将这些窍门教给孩子。"写完作业再看电视"，一看见孩子做事没效率，就忍不住发牢骚。

对此，可以通过做饭来让孩子实际感受到管理时间的好处。最好极其简单，能让孩子全程参与到其中。可以招呼孩子："一起做饭吧！！"拉面、炒饭、咖喱饭、日式奶汁烤菜等，选择孩子自己喜欢的饭菜，他的积极性会更加高涨。请孩子整理顺序步骤，快乐地体验如何有效地使用时间。

写好做饭计划，开始烹饪

把食材摆在桌子上，对孩子说："按照哪个顺序做好呢？思考一下如何能尽快完成吧！再把它写下来。"如果是低年级的孩子，可以让他对比眼前的食材和包装上写的食用方法。重要的是"自己思考并书写"。不要从一开始就否定孩子，等孩子全部写完后，再作为料理前辈提出建议，提出更高效的方法。

"在烧水时切食材会更节省时间。"
"蔬菜煮起来比面更花时间，所以先把蔬菜放进锅里吧。"
初步做到这些就足够了，主要是练习"思考如何才能缩短时间，决定行动的优先顺序"。两个人确定好最快的方案后，便可以按照计划开始实行。害怕孩子拿菜刀，怕孩子把食材放入热水里时被烫到……父母总忍不住想出手帮忙，但尽量还是交给孩子来做，在一旁静静地守护就好。

让孩子体验"自己可以掌控时间"

做完饭后，可以和孩子一边吃一边讨论怎样做更好。如果孩子擅长料理，就挑战更高难度的菜谱吧。

时间管理是高效利用时间的窍门。时间和整理物品一样，可以决定优先顺序。和整理物品不同的是，出现"效率"这个要素。当孩子能够理解"提高效率"的好处，能够根据时间安排高效地利用时间，那么学习计划、日程安排也会产生变化。

使用时间的窍门和做饭一样。如何才能充实地利用一天的 24 个小时？思考优先顺序与提高效率息息相关。通过做饭孩子可以实际感受到"改变做法能够高效利用时间"，所以做饭是最适合孩子学习如何缩短劳动时间的训练。

聪明的父母会确保 "徒劳的时间"

过于密集的日程安排会使孩子疲惫

现在的小学生每天真的很忙。到了五六年级，不仅上课的时间变长，学校活动也很丰富多彩。放学后要上补习班、艺术班，还想和朋友玩、看电视……如果满满的行程都是令人愉快的事情，那就另当别论，但我不认为过于繁忙的生活会对孩子产生好的影响。父母会不自觉地催促："再吃 5 分钟点心我们就出门了。""快点快点！！"还会喋喋不休地发不必要的牢骚："怎么准备得这么慢！""都怪你平时不好好收拾，所以每次都要临出门的时候才找。"

设定以放松为目的的"休憩时间"

现代人被时间束缚的程度已经超乎了我们的想象。按照时间计划做事的确能令我们心安，也会因此觉得自己是能处理好家务和工作的成熟的人。这确实很重要，但想必大家也十分清楚，常常被时间追赶的生活有多么心累。

我希望父母尽量避免强加给孩子紧密的日程安排。要鼓励孩子在意识到"效率""时间管理"的基础上，自己制订日程计划。父母单方面强加的高强度日程会使孩子非常疲惫，孩子可能在不知不觉中增添了压力。为了避免此类情况的出现，父母应该有意识地确保孩子的"休憩时间"，让孩子有时间做喜欢的事情，得到放松。不是因为作业写完了，做事就拖拖拉拉的，而是积极创造休息的时间。

"休憩时间"是孩子可以自由支配的时间，他们可以做自己喜欢的事情，所以父母不要过于干涉，比如对孩子说："可以看书，但动漫一类的就算了……"等。动漫也有好有坏，如果一概而论地说不行，孩子反而不听。偶尔和孩子共同翻阅，跟孩子说："这个动漫的情节真不错啊！""告诉你妈妈以前喜欢的动漫吧，你看了之后跟妈妈说说感想。"理解孩子的世界，从他的角度出发去对话，这是向孩子传递父母价值观的绝佳机会。

孩子也能因此感受到"妈妈想更加了解自己"，亲子关系会变得更好。没有必要去迎合孩子，但在你认为"无聊"、断然拒绝之前，一定要认真了解实质内涵后再做出判断，这才是大人应有的对应方式。

看似徒劳的时间会丰盈孩子的内心

空虚和虚空这两个词看着相似，实际却大相径庭。空虚意味着"事物没有什么内容，内心空洞"，而虚空是"什么也不存在的空间。在佛典中，虚空具有包容一切事物，并且不妨碍其存在的特性"（均引自

《广辞苑—第五版》)。简单地说，空虚是什么都没有，空洞、空泛；而虚空则是看似什么都没有，却充满着能创造万物的能量。

就像"休憩时间"一样，"看似徒劳的时间"并不是空虚，而是虚空。在书店偶然看见一本未知领域的书，放学路上耽搁了点时间做了其他的事，和好朋友互道秘密……这些"看似徒劳的时间"会温和地培育孩子的内心。

以前的孩子和现在的孩子，生活节奏、获得的信息量看起来完全不同，但是流淌在内心深处的"应当珍惜的时间"却是脉脉相传的。徒劳的时间会慢慢发酵成熟，在将来发挥成效。

偶尔回忆起自己的童年，想一想"什么时候很快乐""因为什么而开心"，精心地呵护孩子成长的每一天吧。

我时常想起《小王子》前言里所说的一句话："所有的大人都曾经是小孩，虽然，只有少数人记得。"孩子会直观地感受到那些保有童心的大人是自己坚定的伙伴。

所以，我希望我的读者能成为那样的大人、那样的父母。

后 记

　　整理就像无限相连的多米诺骨牌的第一张。拿出点儿勇气，推倒第一张，意想不到的幸运连锁便会就此开始。人生因为整理而精彩地好转，这样的人在实际生活中我见过很多，无论大人还是孩子。

　　整理对学习的益处也数不胜数。"知道如何安排事物的优先顺序""善于使用时间，学习效率提高"等，都是整理成效颇高的优点，但整理的真实本领更大、更深奥。

　　"通过取舍来磨炼直觉""迈向自立的根基得以确立"，乃至"具备坚韧的品性，能果断地在人生的岔路口做决断"等，在整理的多米诺骨牌里面隐藏着无数个"生存能力"，它们会对孩子的未来大有裨益。

　　父母总有一天会离开孩子，为了孩子能够顺利地离开家独自成长，父母应该微笑着传授给孩子许多"生存能力"，我坚信这会是最棒的礼物。

孩子的人生永远属于他自己，而你的人生也只属于你自己。"为家人付出了那么多""兼顾工作和育儿，真的很累"，不要去诉说这些埋怨的话语，重视自己特有的生活方式，这将是延伸孩子潜能的最大秘诀。

文章的最后，我要衷心感谢主妇和生活社的总编福田晋先生、编辑时政美由纪女士、插画师福福知惠女士、设计师小栗山雄司先生与川上范子女士，以及学研教室"绿色伙伴"的相关负责人们，还有馈赠给我山海般的爱、传授我经验智慧的有缘人们，是他们造就了现在的我，在此向他们表示由衷的祝福。

2015 年 3 月吉日

大法真实